# LES VINS

## COLORÉS PAR LA FUCHSINE

# DES VINS

## COLORÉS PAR LA FUCHSINE

ET

DES MOYENS EMPLOYÉS POUR LES RECONNAITRE

PAR

## E. RITTER

*Docteur ès sciences, professeur agrégé de l'ancienne Faculté de médecine de Strasbourg,*
*Professeur adjoint de chimie médicale et de toxicologie à la Faculté de médecine de Nancy,*
*Chef des travaux chimiques*
*Et directeur du laboratoire des cliniques de la même Faculté.*

PARIS

BERGER-LEVRAULT ET C$^{ie}$, LIBRAIRES-ÉDITEURS

Rue des Beaux-Arts, 5

*MÊME MAISON A NANCY*

1876

# PRÉFACE

—

La Faculté de médecine de Nancy m'a confié l'enseignement
de la chimie analytique médicale et la direction des travaux pra-
tiques. Je consacre, par suite, chaque année, quelques leçons à
l'analyse des boissons et des aliments, ce qui me donne l'occasion
d'exercer un contrôle sur les produits alimentaires qui se débi-
tent à Nancy, car au lieu de procéder moi-même pour les besoins
de l'enseignement à des falsifications, je me procure les produits
vendus et les examine au point de vue de leur pureté.

L'examen des liquides alcooliques est très-important au point
de vue de la santé générale. En 1873 et 1874, les boissons
vendues par les débitants, quoique souvent allongées d'eau,
n'étaient pas falsifiées d'une manière éhontée. Fin 1875 (décem-
bre) et commencement janvier, le tableau changea subitement et
je constatai, à mon grand étonnement, que les vins vendus dans
certains cabarets contenaient de la fuchsine et même de la
fuchsine arsenicale. Ces faits furent publiquement démontrés au
cours de la Faculté.

Je crus de mon devoir de leur donner une publicité plus
grande, le jour où je constatai que nos soldats trouvaient dans
leurs casernes des vins frelatés par de la fuchsine arsenicale, et
que les débits aux environs des casernes et des quartiers popu-
leux vendaient la même marchandise. Je fis à la Société de médecine de Nancy une première communication qui fut accueillie
avec beaucoup de bienveillance ; on m'engagea à continuer mes
recherches. Grâce au zèle de mes amis Bouchard et Haro, médecins des régiments en garnison, les vins suspects ne tardèrent
pas à disparaître des casernes. Grâce au parquet de Nancy, la
vente des vins fuchsinés dans les débits si nombreux de cette
ville devint une rareté.

L'opinion publique s'émut de ces faits, et, comme toujours, l'exagération s'en mit, au point que le mot d'empoisonnement fut prononcé et que l'on comptait même le nombre des victimes.

On m'a sollicité de divers côtés à publier le résultat de mes recherches; je cède volontiers à cette pression, car en écrivant cette brochure, j'ai l'occasion de rétablir la vérité sur des faits qui ont été parfois singulièrement travestis.

Je tiens avant tout à protester contre la dénomination donnée aux marchands de vins de Nancy, que l'on traite dans tous les environs comme « des empoisonneurs ». C'est dans le Midi que l'empoisonnement a eu lieu et c'est sur les fabricants de vins d'une partie de cette région de la France que doit retomber l'épithète populaire.

J'ai rencontré dans le cours de mes longues recherches plus d'une fraude; il n'y a pas seulement la fuchsine qui sert à colorer les vins et permet ainsi des mouillages trop copieux. Dans le travail actuel, je n'entends parler que des vins fuchsinés.

Je suivrai l'ordre suivant :

CHAPITRE I<sup>er</sup>. — *Fuchsine et colorants qui la renferment.*

CHAPITRE II. — *Recherche de la fuchsine dans les vins.*

CHAPITRE III. — *Le fuchsinage des vins est-il répréhensible ?*

CHAPITRE IV. — *Moyen de remédier à l'état actuel.*

# DES VINS

## COLORÉS PAR LA FUCHSINE

ET

### DES MOYENS EMPLOYÉS POUR LES RECONNAITRE

## I.

### FUCHSINE ET COLORANTS QUI LA RENFERMENT.

*Caractères de la fuchsine.* — On a prétendu que le nom de fuchsine a été donné à ce produit du nom de son inventeur, Renard, qui aurait traduit son nom en allemand ; il me semble que le nom a été donné au produit à cause de l'analogie de couleur que présentent ses solutions avec le fuchsia, ainsi appelé du nom d'un botaniste allemand, Fuchs.

La fuchsine ou rouge d'aniline est un des nombreux dérivés retirés de la houille. Il se forme, pendant la distillation de cette matière, des composés très-divers, parmi lesquels quelques-uns se comportent comme des bases ammoniacales ; de ce nombre sont la toluidine et l'aniline. Ces deux corps, mélangés en certaines proportions et soumis à des agents d'oxydation, engendrent de la fuchsine. La formule suivante rendrait compte de ce qui se produit :

$$C^6H^7Az + C^9H^9Az + O^3 = C^{20}H^{19}Az^3 + 3H^2O$$

Aniline.  Toluidine.  Rosaniline.

La rosaniline, base puissante, est incolore, mais ses sels sont colorés ; la fuchsine commerciale paraît être un chlorhydrate ou un acétate de rosaniline.

L'agent d'oxydation qui paraît le mieux réussir est l'acide arsénique ; la fuchsine préparée de cette manière retient toujours de notables quantités d'arséniate de rosaniline, dont il est très-difficile de la purifier. Le produit brut peut en retenir jusqu'à *vingt pour cent*, d'après M. Ferrand (1). Le produit cristallisé en contient bien moins. J'ai examiné trois échantillons de fuchsine cristallisée vendue comme pure, deux d'origine française, l'autre d'origine allemande, et y ai trouvé en moyenne 3 grammes d'arsenic pour cent.

De nombreux procédés ont été proposés pour remplacer, dans la préparation de la fuschine, l'acide arsénique par des substances moins dangereuses. Le procédé Coupier (2), décrit dans le récent ouvrage de M. Wurtz, paraît être celui qui réussit le mieux ; la fuchsine se produit par la réaction de l'aniline commerciale, de la nitrobenzine, du fer et de l'acide chlorhydrique ; le produit ainsi préparé est exempt d'arsenic. On trouve actuellement dans le commerce de la fuchsine non arsenicale ; celle que j'ai eu entre les mains était formée de cristaux plus petits que la fuchsine arsenicale. Le prix de ce produit n'est pas très-élevé.

La fuchsine se présente d'ordinaire dans le commerce sous forme de cristaux vert émeraude, chatoyants comme les élythres des cantharides. Elle se dissout dans l'eau, mais en faible quantité (moins que 1 p. 100) ; elle est bien plus soluble dans l'alcool ; la couleur de ses solutions est d'un rouge foncé. L'éther ne dissout que des traces d'une matière rose, quand les solutions sont acides. Le chloroforme pur ne la dissout pas ; mélangé d'alcool, il se colore. L'alcool amylique est son vrai dissolvant.

Les solutions de fuchsine se décolorent par l'ammoniaque ; on admet, pour expliquer cette réaction, que la fuchsine doit être regardée comme un sel (chlorhydrate ou acétate) de rosaniline. La base rosaniline serait incolore ; ses sels seraient colorés. L'ammoniaque formerait, par suite, du chlorure d'ammonium et de la fuchsine incolore ; en ajoutant à la solution ammoniacale de l'acide acétique, le liquide devient rose, car il se forme de l'acétate de rosaniline coloré.

Cette explication est-elle la vraie ? Elle semble en opposition avec ces faits qu'une solution ammoniacale incolore évaporée avec

. (1) CHANTET. *De l'introduction des couleurs d'aniline dans les substances alimentaires*. (Mémoire et comptes rendus de la Société des sciences médicales de Lyon, 1873, page 35.)

(2) *Progrès de l'industrie des matières colorantes artificielles*, par A. Wurtz, membre de l'Institut, 1876.

de la laine, la colore en rouge. Admettra-t-on que la laine joue le rôle d'un acide? M. Jacquemin (1) a appelé l'attention sur ce point qui n'est point encore élucidé. Les solutions de fuchsine sont décolorées par le noir animal, le peroxyde de manganèse ferrugineux ; la laine et la soie, le fulmicoton (Jacquemin) se colorent dans les solutions de fuchsine et les couleurs fixées résistent aux lavages à l'eau.

La couleur rouge de la fuchsine vire au jaune sous l'influence des acides minéraux ; la coloration, lorsque l'action de l'acide n'a pas été trop énergique, peut virer de nouveau au rose par l'addition d'eau.

Le pouvoir tinctorial de la fuchsine est très-considérable; d'après Charvet (*loc. cit.*), 10 à 12 centigrammes sont nécessaires pour communiquer à l'eau une teinte vineuse ; je suis arrivé à un résultat semblable. Mais il y a toujours dans la teinte quelque chose de trop clair, auquel on remédie, d'après l'auteur cité, en ajoutant un liquide noir (encre) ou noir violet. La ressemblance avec la couleur des vins devient alors plus frappante.

*Caramels.* — C'est à cause de ce dernier motif que les fabricants de vins artificiels ont renoncé à l'emploi de la fuchsine pure et se sont servis de produits plus ou moins impurs, et notamment d'un résidu de la préparation de cette dernière. Ce produit, connu sous le nom de grenat, est un mélange de diverses substances peu connues encore, parmi lesquelles il y a toujours plus ou moins de fuchsine ; c'est dans ce produit que se trouvent des composés arsenicaux en quantité notable. Le produit impur sera donc plus profitable au marchand que le produit pur ; notons que si la fuchsine est préparée à l'aide de l'acide arcénique, le fabricant introduira sans s'en douter de notables proportions de composés arsenicaux. Ajoutons encore que ce produit étant un résidu, est plus fréquemment employé encore que la fuchsine, à cause de son bas prix. Ces résidus peuvent encore contenir de l'aniline et de la toluidine dont l'action sur l'économie est très-fâcheuse.

La difficulté de préparer des solutions de fuchsine d'une couleur convenable et toujours identique a donné naissance bientôt à une nouvelle industrie, celle des fabricants de colorants. Dans quelques villes, ce sont des pharmaciens, des droguistes qui préparent des mixtures destinées à donner à volonté la couleur des

(1) *Journal de pharmacie et de chimie,* 1876, page 173.

vins vieux, des vins de l'année, des bourgogne, etc. (1). D'autre part, il y a de véritables usines qui livrent au commerce des produits soi-disant œnologiques dans lesquels les produits naturels du vin n'ont que peu à voir et qui inondent le Midi de mixtures portant des noms très-divers : *caramel, purpurin, colorine,* etc., qui contiennent tous de la fuchsine, quelques-uns du violet d'aniline. Ce sont des liquides sirupeux qui laissent, par centimètre cube, de $0^{gr},5$ à $0^{gr},65$ de résidu ; à côté de la fuchsine, il y a des extraits de betterave, de carmin, d'indigo et d'autres matières colorantes organiques, qui ont pour but de remédier aux inconvénients que présente l'emploi de la fuchsine isolée.

Je dois ajouter qu'au point de vue de l'imitation, la réussite est parfaite et l'on comprend que des Comices agricoles aient primé ces produits ; en variant la dose de 1 centimètre et demi à 2 centimètres cubes par litre d'eau, on obtient des colorations qui imitent à la perfection n'importe quel cru. Le prix de ces produits varie de 1 fr. 80 à 2 francs le kilog. Il se fait dans le Midi une consommation fabuleuse de ces colorants ; on cite des maisons qui en ont acheté pour 10,000 à 12,000 francs dans une année.

L'engouement des fabricants de vins pour ces produits s'explique très-facilement. L'emploi des matières colorantes anciennes, myrtilles, cerises, betteraves, sureau, phytolacca, cochenille, bois de Brésil, etc., nécessitait des opérations assez longues, des décoctions ; le voisin indiscret était obligé de percevoir des odeurs et de fixer son attention sur l'écoulement d'eaux ménagères ayant une couleur suspecte. Le vin coloré ne se conservait pas toujours et devait souvent être envoyé à la vinaigrerie, lorsqu'on n'en trouvait pas un écoulement rapide.

Avec le produit actuel, tout se passe d'une façon discrète ; les habiles conservent dans leurs caves les vins purs et attendent avec un calme parfait toute descente de justice. C'est au moment de l'expédition que l'on verse dans chaque fût, selon sa contenance, la proportion voulue et calculée à l'avance de colorant. Il devient par suite très-facile, quel qu'ait été l'état de récolte, de livrer, sous le nom de vin, un liquide ayant toujours la même constitution chimique et le même degré de coloration.

D'autres mettent plus de hâte ou moins de soins à leur addition

(1) Ces substances ne renferment que des sels minéraux en quantité insignifiante, 150 à 200 grammes de fuchsine environ sont dissous dans deux litres d'alcool à 90° et ajoutés à 1 hectolitre de caramel ordinaire. Cette composition paraît assez usitée.

de colorant ; il en résulte que les pièces de vin retirées du même foudre ont, lorsqu'elles arrivent à destination, une composition toute différente en ce qui concerne les résidus laissés par la dessiccation ; cela tient à la quantité notable des composés solides que l'on introduit avec chaque centimètre cube de colorant. J'ai eu occasion d'avoir à examiner un envoi d'une cinquantaine de fûts, dont chacun avait une autre composition, quoique le vendeur affirma que c'était identiquement le même vin. Cela était vrai pour l'alcool, l'acidité, les sels, le plâtrage, car les colorants ne contiennent pas ces substances ; mais pour le résidu solide, un résidu élevé concordait avec beaucoup de fuchsine, un résidu faible à des traces seulement de ce corps. On ne saurait assez insister sur ce point, et le marchand de vin qui voudra analyser un envoi de vin fera bien de prélever un échantillon de chaque fût et de préparer ainsi un échantillon représentant réellement la composition de la masse totale du vin ; en ne suivant pas ce conseil, il croira avoir dans sa cave du vin pur ou faiblement fuchsiné, tandis qu'en réalité il en est tout autrement. Le cas s'est présenté plusieurs fois à ma connaissance.

Il est, enfin, des fabricants qui ajoutent les colorants à toute leur provision de vin ; cette manière de procéder a des inconvénients, car la fuchsine ajoutée se précipite partiellement quatre ou cinq mois après son addition, quelquefois même auparavant.

Les colorants qui contiennent de la fuchsine n'ont pas tous la même teinte ; il en est qui ont des reflets pourpres, d'autres violets, ce qui tient à la présence simultanée d'autres matières colorantes sur lesquelles je ne veux pas appeler l'attention en ce moment. Une question plus importante se présente, c'est celle de savoir si les colorants vendus actuellement sont préparés avec de la fuchsine arsenicale ou avec de la fuchsine pure.

*Y a-t-il des composés arsenicaux dans les caramels et les vins colorés ?* — J'ai examiné à ce point de vue cinq caramels, trois venant de fabriques, l'un vendu par un pharmacien, le dernier composé par un droguiste.

Un seul échantillon était complétement exempt d'arsenic.

Deux autres en contenaient en faible proportion.

Le quatrième en renfermait des quantités notables.

Le cinquième (acheté à Nancy) en contenait encore plus et avait été préparé avec une fuchsine très-arsenicale. Le même marchand mettait en vente de la fuchsine cristallisée très-belle, mais qui, d'après ma détermination, contenait 3 p. 100 d'arsenic environ. D'après mes essais, il fallait 10 centimètres cubes de ce colorant (plus fluide que les autres) pour redonner à un litre de moitié vin et eau une belle coloration vineuse ; il y avait dans ces 10 centimètres cubes $0^{gr},05$ de fuchsine, et si nous admettons que l'on se soit servi de la fuchsine analysée, il y aurait eu, par litre de vin, $0^{gr},0015$ d'arsenic. L'expérience directe m'a donné $0^{gr},0013$ d'arsenic, calculé sous forme d'acide arsénieux. Nous sommes loin, comme nous le voyons, des $0^{gr},08$ d'acide arsénieux que l'on pourrait s'attendre à trouver, d'après Charvet (*loc. cit.*), dans des vins colorés par de la fuchsine brute ; ajoutons que cette dose, suivant lui, *serait encore un minimum.*

Sans vouloir nier la possibilité des faits avancés par M. Charvet, je crois cependant que l'expérience n'a jamais justifié ses considérations théoriques, car l'usage à dose très-faible d'un vin ayant cette composition ne manquerait pas de produire des accidents redoutables.

Voici ce que l'expérience m'a démontré.

Les proportions de composé arsenical contenues dans les divers vins saisis à Nancy sont très-faibles ; il faut opérer sur 2 litres et demi de vin au moins pour obtenir des taches arsenicales un peu nettes. Une seule fois j'ai obtenu, avec 800 centilitres de vin, un anneau très-visible.

Ces quantités d'arsenic sont assez faibles et peuvent échapper à une analyse superficielle, surtout lorsque l'expert suit un procédé démodé et imparfait. Que pensera le chimiste compétent à la lecture d'un rapport où il lira que l'on a introduit le résidu de un demi litre d'un vin contenant $0^{gr},0006$ d'acide arsénieux par litre, dans un appareil de Marsh simple et qu'on s'est contenté d'enflammer le gaz et d'écraser la flamme sur une soucoupe. L'expert a conclu à l'absence de composé arsenical.

Je crois donc utile d'indiquer en peu de mots le procédé que j'ai suivi pour la recherche de l'arsenic. Le vin ou les matières colorantes ont été d'abord soumises à une opération qui avait pour but de détruire les matières organiques ; dans le cas particulier et comme il n'importait que de rechercher l'arsenic, j'ai suivi le procédé de destruction par l'acide azotique et sulfurique, tel qu'il est indiqué par M. Cauvet (1) ; je le préfère à un procédé

(1) *Annales d'hygiène et de médecine légale,* 1875.

analogue recommandé depuis par M. Gautier. Il peut se produire une cause d'erreur qui tient à ce que les vins sur lesquels on opère sont d'ordinaire fortement plâtrés, ce qui présente des inconvénients à un moment donné ; j'avais détruit 10 litres de vin, j'avais repris le charbon par deux nouveaux traitements à l'acide azotique, puis j'avais évaporé à siccité sans trop chauffer et en m'arrêtant avant qu'il ne se produisit de vapeurs sulfureuses. Le charbon fut repris par de l'eau, le dosage de l'arsenic me donna un déficit de trois quarts en comparaison de celui que j'avais trouvé dans une opération précédente. Il me fallait retrouver ce manquant et j'eus recours à l'ammoniaque, car, comme l'a fait voir M. Blondlot, il n'est pas rare de voir une partie de l'arsenic transformée en sulfure qui reste dans le charbon. L'ammoniaque ne réussit pas ; je repris alors le charbon par de l'acide azotique concentré et je pus ainsi retrouver l'arsenic qui était resté dans mon charbon à l'état d'arséniate de chaux insoluble. Il est, par suite, très-important de reprendre dans ces opérations le charbon par de l'acide azotique fort et de n'éliminer les composés nitrés que du liquide filtré.

Lorsque je n'avais que peu de vin à ma disposition, l'anneau arsenical devenait très-faible et peu visible ; je le rendis très-apparent par l'artifice suivant : on chauffe l'anneau en tenant le tube incliné ; l'arsenic s'oxyde en se transformant en acide arsénieux qui se sublime et se dépose un peu plus loin ; on fait alors passer un courant de gaz sulfhydrique qui transforme, à l'aide d'une douce chaleur, l'acide arsénieux en sulfure d'arsenic jaune très-visible. Cette manière de faire a également l'avantage de démontrer dans le tube même la nature de l'anneau, sans passer par les manipulations délicates que nécessitent les procédés recommandés aujourd'hui par les auteurs.

Les résultats de mes dosages, faits en pesant avec les précautions convenables les anneaux d'arsenic obtenus en consacrant à l'analyse 10 litres de chaque vin fuchsiné, sont les suivants :

Acide arsénieux, par litre. . .  $0^{gr},00045$
—  $0\ ,00060$
—  $0\ ,00071$
—  $0\ ,00075$
—  $0\ ,00081$

Résultat négatif, deux fois.

*En résumé, sur 7 vins fuchsinés vendus à Nancy et examinés au point de vue de l'arsenic, il y a eu 2 vins seulement exempts de ce composé ; pour les autres, la proportion ne s'est jamais élevée à un milligramme par litre.*

## II.

### RECHERCHE DE LA FUCHSINE DANS LES VINS.

*Considérations générales.* — Bien des procédés ont été proposés, tous plus infaillibles les uns que les autres, mais tous échouent dans des cas particuliers, ce qui tient à ce que beaucoup d'expérimentateurs ont essayé leur méthode en ajoutant à du vin naturel plus ou moins de fuchsine en solution et ont décrit les réactions qu'ils ont obtenues de cette manière. Ce n'est pas ainsi qu'il convient de procéder, car la fuchsine est rarement employée seule ; on se sert de caramels qui, à côté de la fuchsine, renferment encore d'autres matières colorantes qui masquent souvent les caractères de cette dernière. D'autre part, les procédés qui sont tous bons lorsqu'il s'agit de retrouver des quantités notables de fuchsine, n'ont plus la même sensibilité lorsqu'il s'agit d'en retrouver des proportions plus faibles. Or c'est ce cas qui se présente actuellement à Nancy ; les marchands du Midi cherchent à écouler leurs vins fuchsinés en les coupant avec des proportions plus ou moins fortes de vins non colorés.

Je dirai de suite qu'il n'y a qu'une seule bonne méthode, c'est celle de M. E. Falières qu'il a exposée en 1873 et que j'ai légèrement modifiée.

*Procédé de Falières.* — « On introduit 5 à 6 grammes de vin suspect dans un flacon ordinaire de 30 grammes de capacité. On ajoute 8 à 10 gouttes d'ammoniaque et l'on remplit le flacon aux trois quarts d'éther ordinaire des pharmacies. On agite vivement et l'on abandonne le mélange au repos pendant 3 à 4 minutes. On décante une partie de cet éther dans un autre flacon et on ajoute de l'acide acétique jusqu'à réaction acide ; si le vin contient de la fuchsine, on voit se former au fond une couche aqueuse plus ou moins colorée en rose. » La fuchsine est transformée dans cette manipulation en rosaniline incolore, que l'éther enlève ; l'acide acétique transforme de nouveau la rosaniline en un sel coloré qui tombe au fond de l'eau. Ce procédé est très-sûr et d'une application tellement facile que les commissaires de police en font usage dans diverses villes, et que les indications qu'ils obtiennent ont toujours été confirmées ultérieurement par le chimiste expert. (Falières.)

J'ai reconnu cependant que des vins ne contenant que peu de fuchsine pouvaient échapper à la recherche, car la coloration rose n'est pas toujours facile à saisir.

*Procédé Falières modifié.* — J'emploie depuis cinq mois le procédé suivant qui est plus long, mais qui donne une certitude complète et a de plus l'avantage de fournir en même temps une pièce de conviction.

Des expériences préliminaires m'ont démontré qu'il y avait avantage à éliminer l'alcool ; la fixation de la fuchsine se fait mieux. J'opère toujours sur 200 centimètres cubes de vins que j'évapore à moitié (on peut se servir du résidu laissé dans l'alambic de Salleron quand on a peu de vin à sa disposition) ; le liquide refroidi est introduit dans un entonnoir à robinet, fermé à l'émeri à la partie supérieure. On ajoute 10 centimètres cubes d'ammoniaque et l'on agite vivement, puis on introduit de l'éther par petites portions en remuant après chaque addition ; on s'arrête dès que la couche éthérée se sépare nettement ; certains vins, surtout quand on emploie trop d'ammoniaque, donnent naissance à une gelée qui se sépare difficilement ; il suffit pour la faire tomber d'ajouter une nouvelle quantité d'éther à la surface sans remuer. On décante la couche sous-jacente avec soin, on lave la couche éthérée à deux reprises avec de l'eau, on décante l'eau et on introduit finalement l'éther dans un vase de Bohême ou dans une fiole communiquant avec un réfrigérant de Liebig, ce qui permet de recueillir l'éther. On ajoute de la laine à broder blanche.

L'évaporation au bain-marie doit se faire rapidement, pour que la matière colorante se fixe sur les parties extérieures de la laine. Lorsque l'éther est vaporisé en majeure partie, on voit la laine se teindre en rouge ou rose plus ou moins foncé, suivant la proportion de fuchsine contenue dans le vin.

Quelques détails ne sont pas à négliger : la laine à broder ne doit pas être trop épaisse ; il ne faut pas en prendre une longueur plus grande que cinq centimètres ; ces détails ont leur importance lorsqu'il s'agit de retrouver des traces de fuchsine ou que l'on n'a que peu de vin à consacrer aux recherches. On comprend en effet que la matière colorante répartie sur une surface trop large ou à l'intérieur des divers brins de fil, ne puisse donner naissance qu'à une nuance rose très-difficile à voir.

On doit encore éviter avec beaucoup de soin d'évaporer un éther qui ne serait pas débarassé complétement du liquide sous-jacent; il vaut mieux attendre quelques minutes pour que les globules de liquide en suspension fixé dans l'éther aient le temps de se précipiter. Voici ce qui peut arriver dans le cas contraire : le liquide vineux teint la laine en jaune et une coloration rosée faible peut être masquée ; le cas s'est présenté plusieurs fois à ma connaissance.

Un autre point que l'on ne doit pas négliger, c'est de n'employer que de l'éther pur (je ne dis pas absolu). Un négociant de cette ville qui examinait un vin qu'il savait fuchsiné obtint une laine colorée en rouille, parce qu'il s'était servi d'éther de qualité inférieure. Il fit changer l'éther et obtint la réaction voulue.

Tous ces détails ont leur importance, car chaque négociant devrait examiner lui-même les produits qu'il achète, et il est arrivé quelquefois que sur un essai mal fait, le marchand a pris livraison d'une marchandise frelatée.

Ce procédé n'est, comme on le voit, que celui de Falières modifié par la fixation de la matière colorante sur la laine. M. Jacquemin, dans une communication du 24 janvier 1876, a appelé l'attention sur cette fixation directe de la fuchsine sur la laine au point de vue chimique ; il la met également à profit actuellement, comme il ressort d'une note insérée dans le *Bulletin de la Société chimique de Paris* du 20 juillet 1876, mais il en réserve l'emploi à l'expert chimiste. Je pense au contraire que chaque marchand de vin devrait faire lui-même cet essai ; l'outillage n'est pas dispendieux et le maniement s'apprend facilement. Tous font déjà des déterminations d'alcool, opération toute aussi délicate que celle de rechercher de la fuchsine.

M. Grandeau, directeur du laboratoire de la Station agronomique de l'Est, suit avec plein succès le même procédé.

Il semblerait inutile d'indiquer les autres méthodes, mais il s'est passé des faits qui me forcent à insister. Le procédé de Falières ne paraissait pas être connu par les chimistes du Midi et aux observations des clients de Nancy, on répondait par des analyses desquelles il résultait que le vin était tout ce qu'il y avait de mieux et que les chimistes de Nancy étaient des â.... On est allé jusqu'à accuser l'un d'eux de vouloir faire disparaître la fuchsine et les caramels, parce qu'il cherchait à écouler un nouveau produit colorant de son invention. Le procédé suivi par les chimistes de Nancy commence à être connu dans le Midi et les différends présentent moins d'acuité. Il est intéressant de rechercher comment les analystes du Midi ont pu se tromper, ce que je veux faire en passant en revue les divers procédés qu'ils ont suivis.

*Procédé Carpéné.* — Sur un morceau de chaux vive taillé de manière à présenter une surface plane, on laisse tomber une goutte de vin ; il se produit une nuance que l'on compare à une échelle de colorations. Le procédé réussit avec du vin coloré par de la fuchsine pure, mais échoue quand on s'est servi de caramels ou quand la fuchsine est ajoutée à des vins colorés par d'autres substances.

*Procédé Roméi.* — On ajoute au vin du sous-acétate de plomb pour précipiter la matière colorante naturelle du vin, puis on ajoute de l'alcool amylique qui dissout la fuchsine non précipitée et surnage avec une coloration rouge, car nous avons vu que l'alcool amylique était le meilleur dissolvant de la fuchsine.

Causes d'erreur : lorsque toute la matière colorante naturelle du vin n'est pas précipitée, l'alcool peut en dissoudre une partie qui masque la réaction de coloration. Une autre source d'erreur réside dans l'alcool amylique lui-même, qui doit être blanc et incolore. Nous savons que des experts ont employé de l'alcool amylique commercial ayant une teinte jaune plus ou moins prononcée ; or on sait qu'un sel de manganèse rose devient blanc pour peu qu'on lui ajoute un peu de chlorure ferrique jaune. Dans le cas particulier, il se produit un phénomène de même ordre, et l'on comprend très-bien comment la fuchsine a pu échapper à certains analystes qui n'ont pas suivi le procédé avec les minuties qu'il exige.

*Procédé de Yvon* (1). — 25 à 30 centimètres cubes de vin suspect sont agités avec 1 à 2 grammes de noir animal ; il n'est point nécessaire d'en employer une quantité suffisante pour décolorer entièrement ; on jette sur un petit entonnoir dont la douille est garnie d'un tampon d'amiante ; on laisse égoutter et on lave le

(1) *Journal de pharmacie et de chimie,* avril 1876.

noir avec un peu d'eau ; cela fait on le traite par un peu d'alcool ou même d'eau-de-vie forte et immédiatement cet alcool se colore en rouge plus ou moins foncé, suivant la quantité de fuchsine contenue dans le vin. La sensibilité du procédé permettrait de retrouver par litre $0^{gr},02$ et même $0^{gr},002$ de fuchsine.

Ce procédé, qui réussit très-bien avec des vins colorés par de la fuchsine, peut échouer quand le vin est coloré par des caramels. Il est important de s'assurer que le charbon soit pur et que traité par l'alcool faible il ne donne pas un liquide jaune, ce qui peut arriver parfois, car alors, comme dans le cas précédent, la teinte rose disparaît à cause de la teinte jaune.

Le maniement du procédé exige encore quelque habitude et je l'ai vu échouer entre les mains d'un expert du Midi, pharmacien de première classe, avec un vin contenant des proportions très-notables de fuchsine.

*Procédé Lamattina* (1). — 100 grammes de vin agités avec 100 grammes de peroxyde de manganèse (ou 15 grammes d'après une indication donnée par l'auteur en juillet 1876), pendant un quart d'heure, doivent s'écouler incolores si le vin est naturel et colorés si le vin est falsifié. D'après M. Duffort, le vin fuchsiné passerait cependant incolore malgré les indications de M. Lamattina. L'auteur reconnaît la justesse de l'observation et dit que la fuchsine est toujours retenue quand le peroxyde employé contient du fer; or c'est là le cas ordinaire. On ne comprend pas, après cette rectification de l'auteur, comment on peut encore songer dans une expertise à mettre à profit cette réaction.

*Procédé Jacquemin.* — En 1875, M. Jacquemin (2) publia une première note sur la recherche de la matière colorante des vins, en mettant à profit la fixation des couleurs naturelles ou artificielles, d'abord sur de la laine pure, puis sur de la laine mordancée à l'acide chromique. Les essais réussissent très-bien lorsque le vin ne contient qu'une seule matière colorante et l'échantillon de laine est coloré d'une manière remarquable ; les résultats sont douteux avec certains vins de l'année ou des vins colorés par d'autres substances.

M. Jacquemin (3) revient sur ce procédé et abandonne la laine

(1) *Journal de pharmacie et de chimie*, mai et juillet 1876.
(2) *Journal de pharmacie d'Alsace-Lorraine*, avril 1875.
(3) *Bulletin de la Société chimique de Paris*, 20 juillet 1876.

chromatée. Il se contente de faire bouillir dans une capsule de porcelaine 100 centimètres cubes de vin et lorsque l'alcool est volatisé il y plonge un fil de laine blanche à broder de 20 à 30 centimètres de long, préalablement mouillé et continue l'ébullition jusqu'à réduction de moitié. La laine est lavée à grande eau et reste colorée en rouge ou rose si le vin est coloré par de la fuchsine. La laine trempée dans l'ammoniaque se décolore et l'eau ammoniacale incolore redevient rose par l'action de l'acide acétique.

Je ne puis recommander ce procédé que j'ai essayé il y a un an sur plus de cinquante échantillons ; il m'a souvent laissé en doute, quoique j'avais déjà à cette époque soumis la laine à l'action de l'ammoniaque ; il ne m'a franchement réussi que pour des vins fortement fuchsinés.

L'œnoline, produit non fuchsiné servant à colorer les vins, se comporte dans ces cas comme la fuchsine ; c'est une substance d'une composition très-complexe ; la laine teinte en beau rouge ne se décolore pas complétement, mais le liquide ammoniacal devient rose par l'addition d'acide acétique. On trouve actuellement dans le commerce des vins qui contiennent de la fuchsine et une autre matière colorante qui se fixe également sur la laine ; l'ammoniaque fait virer la couleur au vert clair et, chose curieuse, le liquide ammoniacal acidulé ne devient pas rose ; la fuchsine paraît rester retenue dans ce cas par la laine. J'ai répété cet essai à plusieurs reprises. L'auteur, du reste, n'ajoute lui-même qu'une confiance très-limitée à ce procédé, qu'il recommande principalement pour la recherche de l'orseille.

*Procédé Didelot.* — M. Didelot, en mettant en présence des vins fuchsinés avec du coton-poudre ou du papier azotique, a constaté que la fuchsine se fixait sur ces matières et résistait aux lavages à l'eau. C'est une application très-heureuse d'une découverte de M. Jacquemin (elle remonte à 1874), qui a fait voir que le coton qui ne fixait pas certaines matières colorantes qui sont retenues par la laine, les fixait lorsqu'il était transformé en produit nitré.

Le procédé Didelot séduit par sa simplicité ; il suffit de chauffer le vin avec une boulette de fulmi-coton ; on lave la boulette à grande eau et si elle est incolore, le vin est pur ; si elle est colorée, il convient de traiter par l'ammoniaque et de voir si l'échantillon est décoloré; il devient violet avec l'orseille, vert avec le sureau, etc.

Ce procédé jouit d'une véritable vogue, car il semblait que le négociant pût lui-même examiner rapidement et économiquement ses envois et être renseigné sur la pureté ou l'impureté de son produit.

Les vins vendus il y a trois mois à Nancy étaient fuchsinés au point que le coton azotique réussissait toujours. Actuellement la composition des vins est différente; on cherche, comme nous l'avons déjà dit, à écouler les vins fuchsinés en les mélangeant avec une forte proportion de vins colorés au sureau, à la baie de Portugal, etc., ou même avec des vins naturels de l'année 1875 ou 1874.

Depuis ce moment, ce réactif a perdu de sa valeur; avec peu de fuchsine il donne une coloration rosée douteuse; avec les vins colorés à la baie de Portugal, au sureau, l'ammoniaque fait virer la couleur au vert et la fuchsine qui se décolore échappe nécessairement. Il ne reste alors qu'à recourir au procédé Falières.

La composition et la conservation du fulmi-coton paraissent influer sur la facilité avec laquelle il fixe les matières colorantes; j'ai constaté que du fulmi-coton en voie d'altération retenait bien plus énergiquement que le fulmi-coton ordinaire certaines matières colorantes végétales; cette réaction peut être mise à profit pour en reconnaître un certain nombre. L'inverse paraît se produire également, et il existerait des cotons azotiques inactifs, à en juger par le fait suivant. Un négociant de Nancy, qui a pris la bonne habitude d'analyser les vins qu'on lui expédie, refuse un vin qu'il reconnaît fuchsiné à l'aide du fulmi-coton; rapport de l'expert chimiste du Midi qui dit avoir obtenu une boulette de laine blanche. Le procédé Falières démontre que le négociant de Nancy avait raison.

*Procédé Husson*. — M. Husson, dans les derniers comptes rendus de juillet, publie un procédé qui, au premier abord, séduit par sa grande simplicité, mais qui malheureusement conduit à des résultats erronnés. Donnons d'abord le procédé : « On introduit quelques grammes du vin suspect dans une fiole et l'on ajoute un peu d'ammoniaque. Le mélange prend une teinte d'un vert sale. On plonge alors dans le liquide un fil de laine blanche à tapisserie. Lorsqu'il est bien imbibé, on le retire, on le dispose verticalement et on fait couler le long du fil une goutte de vinaigre ou d'acide acétique. Si le vin est naturel, à mesure que la goutte s'avance la laine redevient d'un beau blanc ; s'il est altéré par la fuchsine, elle se teint en rose plus ou moins foncé. La réaction est des plus nettes. »

L'auteur retrouve $0^{gr},003125$ de fuchsine et présente à l'Académie les échantillons qu'il a obtenus.

M. Husson est en opposition formelle avec M. Jacquemin ; mon savant collègue enlève à la laine colorée la fuchsine par de l'ammoniaque et M. Husson la fixe sur la fibre. J'ai pris du vin fuchsiné et en suivant le procédé de M. Husson j'ai obtenu deux fils teintés : l'un d'eux, lavé à grande eau, redevint blanc par l'acide acétique, l'autre, traité mouillé, devint rose. Ce n'est donc que le liquide retenu par le fil qui rougit ; ce dernier n'exerce pas d'affinité sur la solution ammoniacale comme l'a dit M. Jacquemin ; mais alors à quoi sert le fil ?

En faisant l'expérience de M. Husson avec des vins naturels fortement colorés ou des vins colorés par le sureau, on obtient toujours la réaction de la fuchsine en suivant le procédé de l'auteur.

C'est un fait bien connu que le vinaigre redonne la coloration rouge aux vins qui ont viré de couleur sous l'influence de l'ammoniaque.

Il est probable que l'auteur aura coloré du vin blanc par de la fuchsine et qu'il n'a pas fait d'expériences comparatives avec les vins rouges.

Je ne me serais pas occupé si longuement de ce procédé, s'il n'avait pas été reproduit par un grand nombre de journaux politiques et si je ne craignais pas qu'il donne naissance à des conflits toujours regrettables.

En résumé, la *recherche de la fuchsine ne peut se faire d'une manière certaine que par le procédé Fálières modifié. Le procédé Didelot ne doit servir que comme essai préliminaire.* Qu'il me soit permis de rappeler que, dans ces deux procédés, les faits découverts par M. Jacquemin ont reçu une application des plus heureuses et des plus fécondes.

*Dosage de la fuchsine.* — Il serait assez important de pouvoir doser la quantité de fuchsine contenue dans un vin ; des expériences nombreuses m'ont démontré que l'épuisement des solutions ammoniacales par l'éther est une opération des plus longues et que les lavages doivent être recommencés très-souvent. Ce fait n'a rien d'étonnant, puisque la rosaniline, d'après divers auteurs, serait presque insoluble dans l'éther. L'épuisement du vin fuchsiné étant bien plus difficile que celle d'un liquide aqueux, il convient, lorsqu'on veut doser la fuchsine par la comparaison des teintes obtenues d'une part avec du vin, d'autre part avec un liquide ayant une composition connue, de choisir comme liquide du vin naturel auquel on ajoutera de la fuchsine. Les résultats obtenus de cette manière sont assez comparables.

On peut encore traiter le vin par de l'albumine qui retient de préférence les matières colorantes naturelles du vin, et examiner à un colorimètre ou mieux au spectroscope modifié par Vierordt. J'ai obtenu de bons résultats en suivant cette marche, mais le procédé n'est pas pratique et ne peut être exécuté que dans un laboratoire bien outillé.

Les résultats obtenus par les autres méthodes ne sont que comparatifs et n'ont rien de précis.

## III.

### LE FUCHSINAGE DES VINS EST-IL RÉPRÉHENSIBLE.

*Pourquoi fuchsine-t-on les vins ?* — Nous arrivons maintenant à la question de savoir si l'usage des vins fuchsinés peut porter préjudice au consommateur et altérer la santé publique.

Le simple bon sens indique qu'en achetant du vin, l'on n'entend pas payer un breuvage qui contienne autre chose que du vin. Il y a donc évidemment *fraude sur la nature de la marchandise vendue.*

Y a-t-il une excuse pour les marchands à se servir de la fuchsine ? Le principal argument invoqué, c'est que la fuchsine conserve les vins, les bonifie. Je laisse la parole à M. Falières pour rétorquer cet argument (1) :

« Les marchands de colorants et ceux qui en font usage disent bien haut que ces compositions ont pour propriété, — et naturellement à l'exclusion des produits rivaux, — d'assurer la conservation des vins en général et particulièrement des vins légers,

(1) *Journal d'agriculture pratique,* 1876, 27 juillet, page 103.

qui seraient exposés à tourner mal. Ces affirmations sont en complet désaccord avec les faits d'expérience.

« En réalité, l'augmentation de couleur que les vins doivent à la fuchsine ne tarde pas à disparaître. Quatre à cinq mois après l'addition de la fuchsine, et souvent bien avant ce terme, la matière colorante se précipite au sein du liquide.

« Non-seulement la couleur ajoutée disparaît, mais encore elle entraîne avec elle une portion de la couleur propre du vin, de sorte qu'au bout de peu de temps on se trouve en présence d'un vin complétement dépouillé de ses qualités essentielles. Le négociant avait consenti à donner un prix élevé sur la robe d'un vin riche en couleur en apparence ; toute la couleur artificielle et une portion de la couleur naturelle s'étant évanouies, l'acheteur est doublement trompé.

« Ce n'est pas tout : la fuchsine ne se précipite qu'après avoir déterminé des actions chimiques complexes, d'où résulte une véritable décomposition de la matière organique. La plupart des vins fuchsinés contractent un véritable goût de *pourri*.

« J'ai en main de nombreux échantillons de vins fuchsinés qui avaient été préparés dans le but d'apprécier l'action du temps sur les colorations artificielles. Pas un échantillon n'a résisté ; tous ont éprouvé une décoloration plus profonde que la couleur même de la fuchsine ; tous ont laissé déposer en abondance des matières floconneuses, dans lesquelles domine la matière tinctoriale ; tous enfin possèdent une odeur et une saveur extrêmement désagréables. Les mêmes vins non fuchsinés, placés comme témoins dans les mêmes conditions d'embouteillage et de température, se sont parfaitement conservés avec leur limpidité, leur couleur et leur saveur.

« Telle est la destinée fatale des vins fuchsinés, et l'on ne saurait trop la faire connaître au commerce de gros qui s'approvisionne longtemps à l'avance. Ces vins portent en eux des germes de destruction prochaine. A défaut d'autres considérations qui ne manquent pas pourtant, l'intérêt personnel et le souci d'éviter des difficultés avec les acheteurs de seconde main imposent aux négociants en gros l'obligation de ne pas laisser entrer dans leurs magasins des vins colorés par la fuchsine. »

J'ajouterai que des vins fuchsinés saisis à Nancy et abandonnés dans des bouteilles pendant près de quatre mois, ont perdu le dixième de leur pouvoir tinctorial (déterminé à l'aide du spectroscope de Vierordt) et qu'il s'est formé un dépôt abondant qui contient beaucoup de fuchsine. Un conseil à donner d'après cela aux marchands de vin, c'est de faire remuer le fût lorsqu'ils veulent prélever l'échantillon destiné à l'analyse chimique.

Il convient, en réalité, de n'accorder au prétexte que l'on invoque pour colorer les vins, qu'une valeur très-restreinte. L'expérience m'a démontré, et je me base sur quelques centaines d'analyses, que l'addition de fuchsine a toujours eu un autre but et qu'elle est principalement destinée à masquer une tromperie sur la qualité de la marchandise vendue.

Trois types principaux de vins falsifiés peuvent être adoptés.

1° *Vins ayant encore la composition du vin, mais dont la couleur a été rehaussée, pour communiquer au vin l'aspect d'un vin de qualité supérieure.* — C'est ainsi que l'on fait passer des *aramon* pour des *montagne*. C'est dans cette catégorie qu'il faut ranger les vins qui ont été piqués, que l'on remonte par un coupage fait avec un autre vin, et que l'on colore par des caramels. Enfin, les vins trop fortement plâtrés qui ont perdu une grande partie de leur matière colorante, sont remontés en couleur par de la fuchsine.

2° *Vins dédoublés avec de l'eau et alcoolisés.* — J'ai pour habitude de faire pour tous les vins que j'examine le dosage des principes solides, des sels minéraux, de l'acidité et de l'alcool. Une bonne moitié des vins fuchsinés ne contient jamais le poids de résidu que doit fournir un vin ayant la même origine et provenant de la même récolte. Le poids du résidu s'élève pour les vins du Midi au minimum, même pour les années comme 1875, à 18 grammes par litre; nos vins de pays atteignent presque ce chiffre. Or, il n'est pas rare de ne trouver que des résidus de $15^{gr},68$, 16 grammes, $16^{gr},50$ et même quelquefois 14 grammes. N'oublions pas que, dans ces cas, la part du résidu fourni par le vin est encore inférieure, car ces vins sont remontés par des caramels qui, employés à dose de 2 centimètres cubes, introduisent plus de 1 gramme de résidu. La preuve d'addition d'eau est évidente, car l'acidité du vin baisse en même temps, ainsi que le poids des sels minéraux. On trouve de plus souvent dans ces vins mouillés une notable proportion de sels de chaux (qui ne proviennent pas du plâtrage), dont l'origine doit être attribuée aux eaux calcaires dont on s'est servi pour allonger le vin. Cette fraude échappe aux marchands de vin, qui n'ont pas l'habitude d'examiner les vins à ce point de vue, et qui ne considèrent que l'alcool. On sait que la loi autorise les vinages dans les départements du Midi ; on peut acheter à Béziers, pour 14 fr. à 14 fr. 50 c., des vins alcoolisés à 14° d'alcool et qui, rendus à Nancy, peuvent être facilement dédoublés. Un pareil liquide est-il encore du vin ? Cette question peut être posée, car il est à présumer que ce n'est pas l'alcool seulement qui fait la bonté de ce liquide et lui communique ses propriétés bienfaisantes.

En réalité, voilà ce que l'on vend au consommateur sous le nom de vins : Liquide primitivement du vin auquel on a enlevé tout ou partie de l'acide tartrique par le plâtrage, ce qui substitue à l'acide tartrique un acide minéral, l'acide sulfurique ; addition d'eau en forte proportion, et, comme dans toutes ces opérations les éthers naturels, les aromes, se sont ou perdus ou altérés ou modifiés, on ajoute de l'alcool pour que le palais soit impressionné et ne perçoive pas, lorsqu'il n'est pas très-exercé, le sentiment *de platitude*, comme disent les gourmets. Heureux encore le consommateur auquel on a alcoolisé le vin par de l'alcool de vin et non par un de ces alcools de grains, de betteraves mal rectifiés, dont l'action fâcheuse sur l'économie a si bien été étudiée, il y a quinze ans, par un élève de Strasbourg, le médecin-major Cros.

Le débitant auquel on vend ce vin, l'allonge souvent, à son tour, avec de l'eau ; mais, comme il ne se doute pas que le vendeur en gros a déjà opéré le baptême, il se trouve très-étonné le jour où la justice l'accuse de vendre du vin dans lequel il a ajouté beaucoup d'eau. Il avoue bien le fait, mais il n'est jamais d'accord sur la quantité ajoutée, on voit le pourquoi.

Je citerai comme exemple l'analyse d'un vin vendu hors Nancy, à Frouard, à un ouvrier, au prix de 35 francs l'hectolitre, et qui a été allongé d'au moins un tiers d'eau :

Alcool. . . . . . . . . . . . . 9°,9
Acidité (en acide tartrique). . 4ᵍʳ,76
Résidu solide. . . . . . . . . 12ᵍʳ,10
Sels minéraux . . . . . . . . 2ᵍʳ,61

Inutile de dire que la couleur a été donnée par de la fuchsine. L'ouvrier prétend que lorsqu'il a bu une bouteille de ce vin, il est abruti et a envie de dormir ; ces effets, il ne les observe pas quand il boit du vin du pays. Des militaires du 69ᵉ m'ont également affirmé qu'ils préféraient dépasser la limite alors qu'ils étaient en garnison à Toul (vins du pays) que maintenant qu'ils sont à Nancy (vins du Midi); la suite des excès serait, d'après eux, toute différente.

Je ne veux pas dire par là que la fuchsine soit responsable de ces accidents; il y a là des causes multiples; je tiens seulement à constater quelles grandes facilités elle donne aux fraudeurs.

3° Le troisième type que j'ai rencontré, c'est celui de *vins dédoublés avec de l'eau et non alcoolisés;* ce type est le plus rare, mais j'en ai rencontré un qui mérite d'être signalé.

Il s'agit d'une bouteille de Bordeaux vendue à un ouvrier, au prix de 1 fr. 50 c., et destinée à sa femme convalescente pour reprendre des forces :

|  |  |
|---|---|
| Alcool. . . . . . . . . . | $6°,2$ |
| Acidité . . . . . . . . . | $4^{gr},12$ |
| Résidu solide. . . . . . | $10^{gr},12$ |
| Sels minéraux . . . . . | $1^{gr},99$ |

Le vin est plâtré.

Ajoutons que le vin a une agréable odeur et saveur de framboise qui lui est communiquée par l'essence de framboises artificielle, dans laquelle il n'entre pas traces de framboises (1). Ce breuvage a produit des maux d'estomac et de la diarrhée.

Je ne suis entré dans ces détails que pour répondre à une lettre insérée dans un des journaux les plus répandus de la localité, par un abonné qui dit que l'usage des colorants n'a pas lieu d'inquiéter le public. J'avoue que je ne partage pas son sentiment, et il me semble bien avéré que depuis l'emploi de la fuchsine, l'on ne boit plus beaucoup de vin naturel. Je me suis assuré que le mouillage commençait dans le Midi et que les marchands en gros d'ici en sont les premières victimes; il leur serait utile, je crois, de ne plus acheter que d'après des échantillons analysés non-seulement au point de vue de l'alcool et des matières colorantes, mais encore au point de vue des résidus.

Je crois pouvoir affirmer que *le consommateur est lésé dans*

(1) Cette addition est plus commune qu'on ne le pense; on y substitue quelquefois d'autres produits œnologiques, tels que la séve beaujolaise, de Beaune, de Médoc; il en faut de 4 fr. à 1 fr. 25 c. pour 230 litres de vin. Citons encore, par curiosité, l'annonce suivante : Teinte bordelaise pour colorer et conserver les vins (1 litre colore autant que 20 litres de vin de Narbonne); permise par des ordonnances royales, ne se retrouvant pas à l'analyse chimique; l'hectolitre nu et net, 110 fr.

*ses intérêts matériels, car les vins ne sont fuchsinés que pour mas-
quer leur qualité inférieure ou pour déguiser des additions d'eau.*

Une question plus controversée et plus importante est la suivante : *L'emploi de la fuchsine pour la coloration des vins peut-il
porter préjudice à la santé?*

1° *Les vins colorés à la fuchsine arsenicale sont-ils nuisibles à la
santé?* — Les avis sont très-partagés sur cette question; d'après
les uns ce n'est que la fuchsine arsenicale qu'il faudrait redouter,
le produit pur serait exempt de tout danger. D'autres, au contraire, admettent que la fuchsine même non arsenicale doit être
regardée comme une substance nuisible à la santé.

Nous allons scinder la question en deux parties et examiner
d'abord les inconvénients que peut présenter l'emploi de la fu-
chisne arsenicale. Je laisse de côté toute discussion, en ce qui
concerne les accidents que produirait l'usage d'un vin qui con-
tiendrait $0^{gr},08$ d'acide arsénieux; il est probable que nous aurions,
dans ce cas, tous les symptômes d'un empoisonnement aigu.

Les vins consommés à Nancy contenaient, d'après nos déterminations, au plus $0^{gr},00081$ d'acide arsénieux par litre; nous ad-
mettrons une consommation journalière de 2 bouteilles, soit 1 litre
et demi, ce qui introduira dans l'économie $0^{gr},00121$, c'est-à-dire
un peu plus de 1 milligramme. Cette dose peut-elle produire des
accidents ?

Bien des personnes sont tentées de répondre que non, se basant
soit sur les histoires que l'on raconte sur les arsenicophages, soit
sur le traitement arsenical actuellement à la mode, souverain
comme roconstituant, anti-nerveux, anti-apoplectique, etc. S'il
est vrai, d'une part, que certains organismes supportent très-bien
un traitement arsenical à faible dose et même à doses plus éle-
vées, il n'est pas rare, d'autre part, de rencontrer beaucoup de
malades qui ne peuvent continuer pendant longtemps un traitement arsenical même à faible dose, et chez lesquels il faut sus-
pendre la médication. Les préparations arsenicales sont, en effet,
des médicaments qui ne s'éliminent pas de l'économie aussi vite
qu'on le pense. On a retiré l'arsenic de l'urine (1) d'un certain
nombre de chiens, 17 jours après l'ingestion du toxique. Kirch-
gässner rapporte une observation prise sur l'homme où l'on put
retrouver de l'arsenic pendant six semaines dans les urines et

(1) Dragendorff, *Manuel de toxicologie*, 1873.

pendant deux semaines dans les fèces après que l'administration du toxique eut cessé.

Il se produit facilement des effets d'accumulation, qui amènent à leur suite un empoisonnement arsenical chronique, qui peut très-bien passer inaperçu, car les symptômes qu'il provoque ne sont pas des plus marqués et n'ont rien de caractéristique. Des troubles digestifs des premières voies, des évacuations alvines suivies de constipation, des coliques, des accidents nerveux, des éruptions cutanées même, le teint plombé, les yeux cernés, sont un cortége des symptômes qui peut se présenter en dehors de toute médication arsenicale et échapper au diagnostic, à moins que l'esprit ne soit prévenu.

J'ai étudié, il y a quelques années, l'influence que les composés arsenicaux administrés à faible dose exercent sur l'économie humaine et me suis rendu compte que les effets heureux qui se produisent au début ne tardent pas, lorsque la médication est continuée, à être accompagnés d'accidents plus ou moins fâcheux.

Je serais donc volontiers disposé à admettre que l'usage continu d'un vin fuchsiné arsenical peut produire un empoisonnement chronique lent, accompagné de symptômes plus ou moins graves, d'un trouble plus ou moins notable de la santé. Il va de soi que les accidents observés n'entraîneront pas la mort, et que si l'on se sert de cette expression « empoisonnement des vins par la fuchsine » cette expression ne doit pas être prise dans le sens que lui attribue le public laïque, pour lequel empoisonnement entraîne l'idée de mort.

J'ai raisonné dans l'hypothèse que le vin ne contenait que $0^{gr},00081$ d'acide arsénieux par litre; c'est là peut-être un chiffre trop faible (V. Charvet), et alors tout ce que nous avons dit eu égard à cette question peut être modifié et les accidents pourront avoir plus de gravité. Or, quelle garantie avons-nous que le fabricant se serve toujours d'une même fuchsine non ou peu arsenicale, à quel caractères distinguera-t-il lui-même le corps inoffensif de celui qui ne l'est pas. Une analyse devient toujours nécessaire, et cette analyse, qui n'est ni rapide, ni d'une exécution facile, comme nous l'avons vu, devra être recommencée fréquemment. Une fois la fuchsine introduite dans le vin, la recherche de la vérité deviendra encore plus délicate.

Rien que cette incertitude suffirait, à mon avis, à exclure la fuchsine du nombre des matières colorantes dont l'emploi pour colorer des substances alimentaires peut être permis.

Mais il est un autre point de vue que l'on ne doit pas négliger; je ne crois devoir que l'effleurer dans cette publication, et pense que certains de mes lecteurs approuveront ma réserve. Je dirai simplement que les urines émises par la personne qui a bu du vin fuchsiné arsenical (expériences que je relaterai plus loin), pendant les trois jours qui ont suivi la fin de l'expérience, m'ont fourni un anneau arsenical très-visible, que j'ai présenté à la Société de médecine de Nancy.

Un lapin qui avait reçu pendant cinq jours un poids de $4^{gr},80$ de fuchsine arsenicale fut sacrifié cinq jours après; le foie traité pour la recherche de l'arsenic fournit un anneau très-net et très-abondant.

Ma conclusion sera la suivante : *Les vins fuchsinés arsenicaux peuvent, lorsque leur usage est continué pendant un certain temps, provoquer des troubles plus ou moins graves de la santé, qui dépendront non-seulement de l'organisme, mais encore du degré d'impureté de la fuchsine employée. Comme il est très-difficile de s'assurer que la fuchsine qui colore un vin est ou n'est pas arsenicale, il serait sage, pour ce motif seul, de proscrire l'emploi de cette substance d'une manière absolue. En agissant de cette manière, on rassure le public et l'on donne satisfaction aux intérêts de la justice.*

*2° La fuchsine non arsenicale est-elle dangereuse pour la santé?* — Bergmann (1) et d'autres auteurs allemands, admettent que les couleurs dérivées de l'aniline, exemptes de corps minéraux, peuvent avoir une action toxique que l'on peut attribuer à de l'aniline qu'elles retiennent ou aux composés organiques eux-mêmes. Sonnenkalb n'est pas du même avis. MM. Clouet et Bergeron (2), ont donné à un homme 1 gramme de fuchsine pure sans que ce dernier en fût incommodé; en huit jours $3^{gr},20$ furent ingérés sans accidents. Des chiens reçurent 20 grammes sans que l'animal fût sérieusement (*sic*) malade. 65 grammes furent administrés en six jours sans produire de désordres. Les deux auteurs concluent que la fuchsine débarrassée de toute matière étrangère, bien purifiée et sans traces d'arsenic est une substance inoffensive

(1) Dragendorff, *loc. cit.*, p. 235.
(2) *Annales d'hygiène publique et de médecine légale*, 1876, p. 183.

même à forte dose, et que son emploi peut être toléré pour la coloration des vins au même titre que l'orseille, la cochenille, l'indigo, etc.

Mon collègue et ami le docteur Feltz a bien voulu s'associer à moi pour tenter une série d'expériences destinées à résoudre la question controversée; je ne donne dans ce travail qu'un résumé des observations que nous avons présentées à l'Institut.

On s'est assuré, dans une première série d'expériences, que la fuchsine administrée à l'intérieur disparaît rapidement de l'économie, qu'elle est éliminée principalement par les urines qui se colorent rapidement en rouge. Vingt minutes après l'ingestion de $0^{gr},50$ de fuchsine, les urines deviennent roses, elles deviennent ensuite comme sanguinolentes et restent ainsi pendant quelques heures. Cette expérience a été répétée à diverses reprises devant un certain nombre de professeurs et deux fois devant la Société de médecine. Mais ce n'est pas là la seule voie d'élimination de cette matière; les oreilles du sujet se colorent fortement en rouge, la bouche devient prurigineuse, les gencives se tuméfient légèrement; il y a tendance au crachotement; le patient accuse quelquefois un sentiment de constriction aux tempes. La salive contient de la fuchsine (une expérience faite sur un chien auquel on injectait la fuchsine par le sang met ce fait hors de doute). Il n'y a point de troubles intestineux immédiats, les selles sont fortement colorées.

Cette expérience a été tentée à plusieurs reprises; elle réussit surtout bien lorsque le sujet est à jeun.

Dans un autre cas, 2 grammes de fuchsine furent ingérés; les urines ne furent pas colorées (quoique acides); mais les excréments, qui contenaient beaucoup de filaments d'asperge, étaient teints en rouge ponceau. L'état de plénitude de l'estomac paraît influer beaucoup sur l'absorption de cette matière; on doit admettre que les parties non digérées de certains aliments la fixent, la retiennent avec autant d'énergie que la laine et la soustraient ainsi à l'absorption. Les urines pendant ces expériences étaient exemptes d'albumine.

Une nouvelle expérience fut instituée sur le même sujet, qui est un homme encore robuste, dans la cinquantaine et non ivrogne. Il consomma tous les matins un litre de vin fuchsiné.

La coloration des oreilles se produit d'une manière passagère, les démangeaisons au coin de la bouche et aux oreilles se manifestent bientôt et s'exagèrent pendant la nuit. Le onzième jour, il se *produit de la diarrhée;* les selles sont colorées par la fuchsine ; les urines, plus ou moins roses pendant toute la durée de l'expérience (on a pu teindre de la laine avec l'urine des derniers jours) contiennent le douzième jour *des traces d'albumine.* Nous arrêtons l'expérience le douzième jour; le patient a eu des coliques vives, des évacuations abondantes ; deux jours après, il est rétabli.

Le vin consommé pendant l'expérience était arsenical. On pouvait objecter que c'était l'arsenic qui avait produit tous les accidents. On recommença l'expérience en colorant du vin par de la fuchsine, non arsenicale à dose de 0$^{gr}$,40 par litre. Le troisième jour, le même cortége de symptômes s'est déclaré : les urines sont fortement colorées ; les coliques accompagnées d'évacuations nombreuses se manifestent le quatrième jour ; nous suspendons l'expérience avant qu'il y ait eu apparition d'albumine dans les urines. Les expériences faites sur les chiens nous avaient, du reste, suffisamment renseigné sur l'apparition de cette substance.

On introduisit journellement dans l'estomac de deux chiens une solution aqueuse contenant 0$^{gr}$,60 de fuchsine non arsenicale, à l'un pendant quinze jours et à l'autre pendant huit. Les animaux semblent bien se porter, mais ils maigrissent et leur poids diminue. Les urines sont colorées en rouge pendant toute la durée de l'expérience ; elles renferment de temps en temps de l'albumine et l'on y décèle au microscope des cylindres granulo-graisseux dont la présence dénote une altération des reins. La diarrhée s'établit vers la fin ; on voit immédiatement l'urine devenir moins rouge et l'albumine disparaître. Les deux animaux bavent beaucoup et ont une irritation très-vive de la gueule qui les excite à se frotter le museau contre terre.

L'albuminurie ne s'établit pas avec la même facilité chez tous les animaux ; il m'a fallu trois semaines pour arriver à rendre albuminurique un chien noir, très-vif, de petite taille. Ce n'est qu'après ce temps que le chien commença à s'affecter ; il bava comme le précédent, mais moins, et eût de l'albumine dans les urines en quantité assez notable. J'ai rendu témoin de ces expériences plusieurs de mes collègues, et M. Grandeau, a bien voulu en rendre compte d'une manière très-flatteuse dans le *Journal d'agriculture pratique.* Je dois noter que le chien en question a été pris, depuis le commencement de l'expérience, d'une diarrhée très-abondante; c'est ce qui explique la lenteur avec laquelle se sont établis les phénomènes généraux qui ne se produisent qu'après l'absorption.

Je ne parlerai pas ici des expériences faites sur les lapins, si ce n'est que les urines sont restées incolores, quoique contenant de la fuchsine; les urines ammoniacales devinrent roses quand on les neutralisa par de l'acide acétique; on a pu teindre de la laine en soumettant les urines au procédé Falières. Je n'ajoute ici que pour mémoire le résumé des injections de fuchsine dans le sang.

Cinq chiens bien portants sont mis en expérience; le premier reçoit $0^{gr},35$ de fuchsine en une fois; le deuxième, $1^{gr},71$ en trois frois; le troisième, $0^{gr},45$ en trois fois, mais dans une seule journée; le quatrième, $1^{gr},80$ en deux fois; le cinquième, enfin, $0^{gr},48$ en quatre jours.

Tous ces animaux ne semblent pas malades au début, quoique leurs muqueuses et leurs téguments soient fortement colorés en rouge. Ils perdent bientôt l'appétit, boivent beaucoup, mais n'ont pas de fièvre. La perte du poids varie entre 1 kilogr. et $1^k,500$.

Le deuxième chien est mort dix jours après l'injection de fuchsine; le cinquième, le douzième jour; le troisième est sacrifié après vingt et un jours; les deux autres vivent encore. L'autopsie n'a pas révélé d'altération dans le tube digestif; tous les organes, excepté l'appareil nerveux des animaux sacrifiés peu après l'injection, sont colorés par la fuchsine : la fuchsine s'élimine par la bile. L'altération manifeste et constante chez les chiens qui ont survécu un certain temps à l'injection de fuschsine est une dégénérescence des reins (substance corticale des reins), très-souvent visible à l'œil nu, toujours reconnaissable au microscope. Ainsi s'explique l'apparition constante, dans l'urine de ces chiens, de l'albumine et de cylindres épithéliaux et granulo-graisseux. Ces éléments du rein, étrangers à l'urine normale, preuve palpable d'une altération rapide de l'appareil urinaire, apparaissent dans les urines dès le lendemain de l'injection et persistent plus ou moins longtemps.

Le taux de l'albumine atteint rapidement plusieurs grammes par litre d'urine; chez le chien le plus malade, le poids de l'albumine éliminée a oscillé entre 7 grammes et 33 grammes par kilogramme d'urine, et cela très-longtemps après la suspension de l'ingestion du fuchsine.

Ces expériences ont eu l'avantage de nous fixer définitivement sur l'albuminurie produite par la fuchsine. L'apparition d'albumine dans les urines n'est pas un fait inexplicable; on sait que beaucoup de substances étrangères à l'économie normale et éliminées par le rein finissent par fatiguer cet organe et provoquent une albuminurie passagère.

J'ajouterai qu'une personne faisant usage d'un vin fuchsiné depuis un certain temps émettait des urines contenant des traces d'albumine.

D'un autre côté, MM. Bergeron et Clouet, le docteur E. Feltz ont vu, sous l'influence de la fuchsine, la disparition complète de l'albumine. Ces expériences contradictoires étonnent à juste titre; ce n'est pas le lieu de les discuter ici en détail. Notons seulement que l'apparition d'albumine chez nos sujets d'expérience est un fait constant, tandis que la disparition de l'albumine observée par les auteurs peut tenir à une foule de causes; que de fois ne voyons-nous pas des malades dont les urines ne renferment que passagèrement des traces d'albumine! Les auteurs cités sont-ils tombés sans le savoir sur des cas semblables?

On peut se demander également si MM. Clouet et Bergeron ont poursuivi leurs expériences assez longtemps et s'ils ont porté leur attention sur l'examen des urines. Leurs animaux étaient cependant impressionnés par la fuchsine, à en juger par l'expression « sans que l'animal fût sérieusement malade ». On voit par notre dernière expérience du chien noir, que l'albuminurie peut mettre un temps assez long à s'établir.

Il est évident que la fuchsine absorbée ingérée par les voies digestives n'est pas un toxique redoutable qui tue comme la strychnine, mais elle produit néanmoins des troubles plus ou moins notables.

Ne doit-on compter pour rien les coliques, les diarrhées, le prurit de la bouche, des oreilles et principalement l'apparition de l'albumine qui dénote une altération commençante des reins? Ne sait-on pas qu'à un certain âge une albuminurie est plus grave qu'à un autre?

Me basant sur ces faits, je dirai pour conclure:

*La fuchsine pure, non arsenicale, est éliminée par les reins et par la salive; ces organes de sécrétion sont irrités par ce passage, ce qui détermine, d'une part, l'apparition d'albumine dans les urines, et, d'autre part, le prurit de la bouche. L'irritation des parois intestinales entraîne à sa suite des diarrhées. Ces faits me semblent suffisants pour proscrire même la fuchsine pure d'une manière absolue comme matière colorante des vins.*

En résumé :

1) *L'addition de fuchsine au vin ne le conserve en rien.*

2) *La fuchsine arsenicale ne peut pas être employée (je crois que tout le monde est d'accord sur ce point).*

3) *La fuchsine elle-même produit des troubles de la santé.*

4) *La fuchsine est ajoutée au vin pour faciliter une tromperie sur la nature de la marchandise vendue.*

Je crois qu'il n'y a plus qu'un fabricant de colorant ou un négociant qui a des intentions malhonnêtes qui puisse recommander l'emploi de cette matière. Aussi nous rangeons-nous de l'avis de M. Soubeiran (1) quand il dit qu'il y a nécessité, ainsi qu'en a conclu le comité consultatif d'hygiène, publique d'interdire son emploi aux producteurs et négociants en vins. MM. Grandeau, Jacquemin, Falières, sont du même avis.

Voici l'opinion toute récente du conseil d'hygiène et de salubrité de Meurthe-et-Moselle, émise dans la séance du 5 août. Le conseil a émis à l'unanimité le vœu que M. le Garde des sceaux prenne les mesures nécessaires pour que toute circulation et vente de vins fuchsinés, à un degré quelconque, fussent absolument interdites et réprimées.

IV.

MOYENS DE REMÉDIER A L'ÉTAT ACTUEL.

Nous ne pouvons mieux faire que de laisser la parole à M. Grandeau, qui a résumé la question d'une manière remarquable dans le *Journal d'Agriculture pratique* (n° du 13 juillet 1876). Il nous permettra de citer textuellement, car nous n'avons rien à ajouter et nous ne saurions mieux dire :

« Pour arriver promptement à supprimer l'adultération des vins par la fuchsine, telle que la pratiquent, sur une échelle vraiment effrayante, trop de maisons du Midi, il faut que l'initiative privée vienne en aide à la justice ; il ne suffit pas, en effet, de se reposer du soin de poursuivre les fraudeurs sur les magistrats placés à la tête de nos parquets. Les négociants honnêtes, qui ali-

(1) *Nouveau Dictionnaire des aliments et des falsifications*, 1874.

mentent leur cave, pour une part notable du moins, avec les produits vignobles du Midi, sont les premiers intéressés à prêter leur concours à la justice pour la guerre sans merci qu'il faut faire aux fraudeurs. En agissant ainsi ils augmenteront leur crédit et rassureront les consommateurs. Leur tâche est facile, ainsi que celle des acheteurs. Nos lecteurs, me permettront de la tracer rapidement, en prenant pour exemple ce qui se passe depuis quelques mois à Nancy.

Dès que la présence de la fuchsine a été reconnue dans les vins expédiés à Nancy des divers points du Midi, bon nombre de marchands en gros ont pris la décision de ne plus accepter livraison, en gare, d'une seule pièce de vin sans avoir fait, préalablement, analyser un échantillon pris dans les fûts à livrer. C'est ainsi que le laboratoire de la Station de l'Est a eu maintes fois l'occasion, depuis deux ou trois mois, de constater la présence de quantités variables de fuchsine dans nombre d'échantillons de vins.

Ce contrôle des vins par les stations agronomiques et par les laboratoires agricoles peut amener promptement, si on le veut, la répression de la falsification des vins. Il est pour cela certaines conditions indispensables à remplir.

Le négociant muni du bulletin d'analyse indiquant que le vin qui lui est adressé est fuchsiné ne doit pas se borner à refuser d'en prendre livraison. Son devoir, comme celui du chimiste, est de signaler à la justice la fraude dont le vin est l'objet. En effet, si le destinataire se contente de refuser le vin falsifié, qu'arrivera-t-il ? On met les fûts en consignation et l'expéditeur, peu scrupuleux, dont les produits frelatés échappent ainsi à la saisie, réexpédie sur une autre ville le liquide fuchsiné. J'ai cru devoir, tout récemment, en qualité de membre du conseil d'hygiène et de salubrité, signaler à la vigilance du parquet des réexpéditions faites de la sorte sur deux centres voisins de Nancy, de quantités considérables de vins fuchsinés et refusés par d'honorables négociants de cette ville, mais non référés par eux à la justice.

« Le laboratoire de la Station de l'Est n'accepte de faire l'analyse de vins suspects qu'à la condition expresse, souscrite par l'intéressé, de déférer au parquet la fraude reconnue. Il est alors procédé, par les soins de la police, au prélèvement d'un nouvel échantillon qui est renvoyé à l'examen de l'expert désigné par le parquet.

« Le consommateur, pour peu qu'il ait le moindre doute sur la nature du vin qui lui est vendu, doit faire de même. De cette façon on arrivera promptement à rendre presque impossible la mise en vente de vins frelatés par la fuchsine.

« Il se présente, pour le chimiste chargé d'examiner un vin suspect, quelques cas qui semblent au premier abord devoir l'embarrasser, mais dont la solution me paraît des plus claires. Il arrive, et j'ai eu occasion de le constater tout récemment encore, que l'analyse décèle de la fuchsine dans un vin, en quantité si faible qu'il n'y a pas lieu d'admettre que cette substance colorante ait été introduite directement et à dessein dans le vin incriminé. Il faut admettre, en effet, que le marchand de vin n'a d'intérêt à fuchsiner les vins qu'autant que la proportion qu'il ajoute en relève la couleur. Ces traces de fuchsine proviennent alors, selon toute probabilité, de fûts ayant contenu antérieurement du vin plus ou moins fortement fuchsiné. Le chimiste doit-il, sous cette réserve, déférer l'affaire à la justice. Ne s'expose-t-il pas à faire saisir du vin qu'il peut considérer comme n'ayant pas été l'objet d'une manœuvre coupable et volontaire ? Pour ma part, je n'hésite pas à répondre par l'affirmative. Le chimiste doit signaler le vin à l'autorité compétente; en voici la raison. Quand il s'agit de la présence de substances toxiques étrangères à un produit alimentaire et qui s'y trouvent accidentellement pour une cause quelconque, la question de *quantité* ne doit pas entrer en ligne de compte. Le vin naturel ne contient pas de fuchsine; si cette matière vénéneuse s'y rencontre, il faut soustraire le vin à la consommation, alors même que les doses qu'il en renferme ne paraîtraient pas, à raison de leur ténuité, devoir provoquer d'accident chez le consommateur. Si l'on agit autrement, si l'on *apprécie* les quantités de fuchsine et si l'on admet la libre circulation et la vente de vins très-légèrement fuchsinés, il viendra un moment où la répression de cette fraude sera presque impossible. En effet, dès que les fraudeurs verront que certaines quantités minimes de fuchsine sont tolérées, ils reprendront les vins fortement fuchsinés que nous pourchassons aujourd'hui et, par des coupages plus ou moins complets, chercheront à atteindre la limite autorisée par la non-répression. Peu à peu, ils la dépasseront, et les tribunaux seront fort embarrassés pour tracer alors la limite à laquelle commence la falsification et celle où elle s'arrête.

« En matière de toxicologie, il n'y a pas de doses à fixer; une substance est frelatée, vénéneuse ou elle ne l'est pas. Quel est d'ailleurs l'hygiéniste ou le médecin qui oserait fixer, surtout au cas particulier, les quantités de vin fuchsiné légèrement qu'on peut ingérer sans crainte, et la limite à laquelle il faut s'abstenir? Si donc les consommateurs ou les négociants s'adressent aux hommes compétents, directeurs de stations ou autres, avant de prendre livraison de leurs vins, ce que je ne saurais trop les engager à faire, il faut que les chimistes investis de la confiance du public mettent tout scrupule à part et signalent sans hésitation à la justice les vins qui renferment de la fuchsine, *quelles que soient* la provenance et la quantité de cette dernière.

« La fuchsine, chimiquement *pure*, est vénéneuse, mais la fuchsine arsenicale l'est davantage encore. Or, à moins de rechercher l'arsenic dans chaque échantillon, ne voit-on pas que le système de la tolérance à l'endroit de traces de fuchsine peut aboutir à laisser dans la circulation des vins arséniés? Nul doute, à mon avis, qu'il faille porter plainte contre tout vin fuchsiné, si légèrement qu'il le soit. Aux tribunaux d'apprécier si le vendeur est ou non coupable de falsification, car il est très-possible, comme me l'ont affirmé des négociants dont le vin était légèrement fuchsiné, que les fûts employés aient préalablement été altérés par des tiers qui y avaient renfermé des vins frelatés. Les rôles du négociant honnête, du consommateur et du chimiste soucieux de la responsabilité qui lui incombe me semblent donc très-nettement tracés. A la justice de remonter à l'origine de la fraude et de l'atteindre.

Il est à souhaiter, dans l'intérêt de la santé publique, que l'attitude respective du parquet, des chimistes et des négociants en vins de Nancy trouve promptement des imitateurs. Il y a là un intérêt de premier ordre que j'ai cru devoir signaler à nos lecteurs. »

Ajoutons encore ce que dit à cet égard M. Falières, secrétaire général de l'Association viticole de Lisbonne :

« Aux négociants, intéressés plus que qui que ce soit à ne pas laisser entrer dans leurs magasins des vins destinés à porter le trouble dans leurs légitimes opérations de spéculation et de coupage, on montre comment ils peuvent eux-mêmes éviter de cruels mécomptes. A l'action publique, représentée par le service de la police, revient le soin de défendre les faibles — et les faibles, ce sont ici les pauvres — contre des entreprises coupables.

« Une simple circulaire ministérielle ou préfectorale recommandant de fréquentes visites dans les débits de vin, et indiquant en même temps, sous forme d'instruction, le moyen sommaire de constater la fraude, enrayerait vite le mal dans de notables proportions.

Il faut bien qu'on en reste convaincu : les vins fuchsinés ne sont pas des vins de provision, et les fraudeurs le savent mieux que personne. Ces vins ne vont pas dans les ménages riches ou aisés; ils ont besoin d'être consommés presque au fur et à mesure de la fabrication. C'est principalement dans les débits de boisson qu'ils trouvent leur écoulement; c'est là surtout qu'il faut les chercher et les atteindre. »

Une dernière question se pose : c'est celle de savoir ce que l'on peut faire des vins fuchsinés actuellement. Quel est le négociant qui voudra les acheter? quel est le particulier qui voudra les consommer?

Doit-on les transformer en vinaigre? La fuchsine et le composé arsenical resteront dans le produit. Il n'y a qu'un moyen honnête : c'est de les livrer à la distillation.

M. Didelot a proposé de transformer le vin rouge en vin blanc; il dit, page 6 de sa brochure : On peut rendre inoffensifs les vins colorés artificiellement, même par la fuchsine non arsenicale, en les filtrant sur du noir animal en grains bien lavé et en les collant fortement avec du sang et de l'albumine.

Ce procédé a été suivi à ma connaissance et voici les résultats:

| | | | | |
|---|---|---|---|---|
| Vin rouge, alcool . . . | 9° | Vin décoloré, alcool . . . | 7°9 |
| — acidité . . | 7$^{gr}$,72 | — acidité . . | 2$^{gr}$,89 |
| — résidu . . . | 15$^{gr}$,55 | — résidu . . . | 15$^{gr}$,41 |
| — sels . . . . | 1$^{gr}$,17 | — sels . . . . | 3$^{gr}$,60 |

Le vin contient une notable proportion de sels de chaux et notamment de phosphates. La saveur est atroce et je me demande si un pareil produit trouverait des acheteurs. J'ajouterai qu'il résulte d'expériences faites par M. Garnier, mon préparateur, que les vins arsenicaux ainsi décolorés retiennent néanmoins de l'arsenic. Je n'engage donc personne à imiter le négociant qui a voulu amoindrir sa perte en suivant le procédé indiqué par M. Didelot.

## CONCLUSIONS.

Le lecteur connaît maintenant tous les faits concernant les vins fuchsinés; je les ai exposés avec loyauté et sans exagérations, en cherchant à ne jamais quitter le côté scientifique de la question. Il comprendra qu'une réforme doit être opérée. C'est aux Ministres de l'agriculture et de la justice à prévenir la reproduction de ces faits pour les prochaines vendanges; j'espère que le concours des négociants honnêtes, des chimistes et des médecins ne leur fera pas défaut. Pour ma part, je serais heureux et oublierais volontiers toutes les fatigues et tous les ennuis que m'ont causé cette campagne contre les vins frelatés par la fuchsine, si l'agitation qui s'est produite, grâce au concours de mes collègues de Nancy et des journaux politiques et scientifiques, avait pour résultat d'amener la disparition de cette falsification.